Dive Log

Name: _____

Address: _____

_____

_____

Phone: _____

_____

Email: _____

Dive No.	Dive Site:	Date:

Location:

Temperature	Weight
Air: _____	_____ lb/kg
Surface: _____	**Visibility**
Bottom: _____	_____ ft/m

SI :	PG
PG	

Depth _____ ft/m

_____ 15ft/5m

Bottom Time

_____

_____ + _____ = _____
RNT   ABT   TBT

Exposure Protection		Conditions	
Wetsuit	Y/N	Fresh	Salt
Drysuit	Y/N	Shore	Boat
Hood	Y/N	Current	Drift
Gloves	Y/N	Waves	Surge
Boots	Y/N	Other:	

Time In:	Time out:
Start: bar	End: bar

Comments: _____

_____
_____
_____
_____
_____
_____
_____
_____

Dive Center / Resort Stamp	Verification Signature
	_____
	Instructor / DM / Buddy

Dive No.	Dive Site:	Date:

Location:

Temperature	Weight
Air:_____	_____ lb/kg
Surface:_____	**Visibility**
Bottom:_____	_____ ft/m

Exposure Protection		Conditions	
Wetsuit	Y/N	Fresh	Salt
Drysuit	Y/N	Shore	Boat
Hood	Y/N	Current	Drift
Gloves	Y/N	Waves	Surge
Boots	Y/N	Other:	

SI : | PG
PG

Depth _____ ft/m | 15ft/5m

Bottom Time

_____ + _____ = _____
RNT   **ABT**   **TBT**

Time In:	Time out:
Start: bar	End: bar

Comments: _____

_____
_____
_____
_____
_____
_____
_____
_____

Dive Center / Resort Stamp

Verification Signature

_____
Instructor / DM / Buddy

Dive No.	Dive Site:	Date:
Location:		

Temperature	Weight
Air:_____	_____ lb/kg
Surface:_____	**Visibility**
Bottom:_____	_____ ft/m

SI	:	PG
PG		

Depth _____ ft/m _____ 15ft/5m

Bottom Time
_____

_____ + _____ = _____
RNT   **ABT**   **TBT**

Exposure Protection		Conditions	
Wetsuit	Y/N	Fresh	Salt
Drysuit	Y/N	Shore	Boat
Hood	Y/N	Current	Drift
Gloves	Y/N	Waves	Surge
Boots	Y/N	Other:	

Time In:	Time out:
Start: bar	End: bar

Comments: _____
_____
_____
_____
_____
_____
_____
_____

Dive Center / Resort Stamp	Verification Signature
	_____
	Instructor / DM / Buddy

Dive No.	Dive Site:	Date:

Location:

Temperature	Weight
Air:_____	_____ lb/kg
Surface:_____	**Visibility**
Bottom:_____	_____ ft/m

SI :	PG
PG	

Depth
_____ ft/m

_____ 15ft/5m

Bottom Time

_____

_____ + _____ = _____
RNT   ABT   TBT

Exposure Protection		Conditions	
Wetsuit	Y/N	Fresh	Salt
Drysuit	Y/N	Shore	Boat
Hood	Y/N	Current	Drift
Gloves	Y/N	Waves	Surge
Boots	Y/N	Other:	

Time In:	Time out:
Start: bar	End: bar

Comments: _____

_____
_____
_____
_____
_____
_____
_____
_____

Dive Center / Resort Stamp

Verification Signature

_____
Instructor / DM / Buddy

Dive No.	Dive Site:	Date:

Location:

Temperature	Weight
Air:_____	_____ lb/kg
Surface:_____	**Visibility**
Bottom:_____	_____ ft/m

SI :	PG
PG	

Depth _____ ft/m   15ft/5m

Bottom Time

_____ + _____ = _____
RNT   ABT   TBT

Exposure Protection		Conditions	
Wetsuit	Y/N	Fresh	Salt
Drysuit	Y/N	Shore	Boat
Hood	Y/N	Current	Drift
Gloves	Y/N	Waves	Surge
Boots	Y/N	Other:	

Time In:	Time out:
Start: bar	End: bar

Comments: _____

_____
_____
_____
_____
_____
_____
_____

Dive Center / Resort Stamp

Verification Signature

_____
Instructor / DM / Buddy

Dive No.	Dive Site:		Date:
Location:			

Temperature	Weight
Air: _____	_____ lb/kg
Surface: _____	**Visibility**
Bottom: _____	_____ ft/m

SI _____ : _____   PG _____
PG _____

Depth _____ ft/m   _____ 15ft/5m

Bottom Time
_____

_____ + _____ = _____
RNT   ABT   TBT

Exposure Protection		Conditions	
Wetsuit	Y/N	Fresh	Salt
Drysuit	Y/N	Shore	Boat
Hood	Y/N	Current	Drift
Gloves	Y/N	Waves	Surge
Boots	Y/N	Other:	

Time In:	Time out:
Start: _____ bar	End: _____ bar

Comments: _____

_____

_____

_____

_____

_____

_____

_____

_____

Dive Center / Resort Stamp

Verification Signature

_____

Instructor / DM / Buddy

Dive No.	Dive Site:		Date:
Location:			

Temperature	Weight
Air:_____	_____ lb/kg
Surface:_____	**Visibility**
Bottom:_____	_____ ft/m

SI	:	PG
PG		

Depth
_____ ft/m
_____ 15ft/5m

Bottom Time

_____ + _____ = _____
RNT   ABT   TBT

Exposure Protection		Conditions	
Wetsuit	Y/N	Fresh	Salt
Drysuit	Y/N	Shore	Boat
Hood	Y/N	Current	Drift
Gloves	Y/N	Waves	Surge
Boots	Y/N	Other:	

Time In:	Time out:
Start: bar	End: bar

Comments: _____

_____
_____
_____
_____
_____
_____
_____
_____

Dive Center / Resort Stamp

Verification Signature

_____
Instructor / DM / Buddy

Dive No.	Dive Site:	Date:
Location:		

Temperature	Weight
Air:_____	_____ lb/kg
Surface:_____	**Visibility**
Bottom:_____	_____ ft/m

Exposure Protection		Conditions	
Wetsuit	Y/N	Fresh	Salt
Drysuit	Y/N	Shore	Boat
Hood	Y/N	Current	Drift
Gloves	Y/N	Waves	Surge
Boots	Y/N	Other:	

SI : | PG
PG

Depth
_____ ft/m
_____ 15ft/5m

Bottom Time
_____

_____ + _____ = _____
RNT   ABT   TBT

Time In:	Time out:
Start: bar	End: bar

Comments: _____

_____
_____
_____
_____
_____
_____
_____

Dive Center / Resort Stamp

Verification Signature

_____
Instructor / DM / Buddy

Dive No.	Dive Site:	Date:

Location:

Temperature	Weight
Air: _____	_____ lb/kg
Surface: _____	**Visibility**
Bottom: _____	_____ ft/m

Exposure Protection		Conditions	
Wetsuit	Y/N	Fresh	Salt
Drysuit	Y/N	Shore	Boat
Hood	Y/N	Current	Drift
Gloves	Y/N	Waves	Surge
Boots	Y/N	Other:	

SI :	PG
PG	

Depth _____ ft/m   _____ 15ft/5m

Bottom Time

_____ + _____ = _____
RNT   ABT   TBT

Time In:	Time out:
Start: bar	End: bar

Comments: _____

_____
_____
_____
_____
_____
_____
_____
_____

Dive Center / Resort Stamp	Verification Signature
	_____
	Instructor / DM / Buddy

Dive No.	Dive Site:		Date:
Location:			

Temperature	Weight
Air:_____	_____ lb/kg
Surface:_____	**Visibility**
Bottom:_____	_____ ft/m

SI	:	PG
PG		

Depth

_____ 15ft/5m

_____ ft/m

Bottom Time

_____

_____ + _____ = _____

RNT   **ABT**   **TBT**

Exposure Protection		Conditions	
Wetsuit	Y/N	Fresh	Salt
Drysuit	Y/N	Shore	Boat
Hood	Y/N	Current	Drift
Gloves	Y/N	Waves	Surge
Boots	Y/N	Other:	

Time In:	Time out:
Start: bar	End: bar

Comments: _____

_____

_____

_____

_____

_____

_____

_____

Dive Center / Resort Stamp

Verification Signature

_____

Instructor / DM / Buddy

| Dive No. | Dive Site: | Date: |

Location:

Temperature	Weight
Air: _____	_____ lb/kg
Surface: _____	**Visibility**
Bottom: _____	_____ ft/m

SI :	PG
PG	

Depth _____ ft/m

_____ 15ft/5m

Bottom Time
_____

_____ + _____ = _____
RNT   ABT   TBT

Exposure Protection		Conditions	
Wetsuit	Y/N	Fresh	Salt
Drysuit	Y/N	Shore	Boat
Hood	Y/N	Current	Drift
Gloves	Y/N	Waves	Surge
Boots	Y/N	Other:	

Time In:	Time out:
Start: bar	End: bar

Comments: _____
_____
_____
_____
_____
_____
_____
_____
_____

Dive Center / Resort Stamp	Verification Signature
	_____
	Instructor / DM / Buddy

Dive No.	Dive Site:		Date:
Location:			

Temperature	Weight
Air:_____	_____ lb/kg
Surface:_____	**Visibility**
Bottom:_____	_____ ft/m

SI   :   PG
PG

Depth
_____ ft/m
_____ 15ft/5m

Bottom Time
_____

_____ + _____ = _____
RNT   ABT   TBT

Exposure Protection		Conditions	
Wetsuit	Y/N	Fresh	Salt
Drysuit	Y/N	Shore	Boat
Hood	Y/N	Current	Drift
Gloves	Y/N	Waves	Surge
Boots	Y/N	Other:	

Time In:		Time out:	
Start:	bar	End:	bar

Comments: _____

_____
_____
_____
_____
_____
_____
_____
_____

Dive Center / Resort Stamp

Verification Signature

_____
Instructor / DM / Buddy

Dive No.	Dive Site:		Date:
Location:			

Temperature	Weight
Air:_____	_____ lb/kg
Surface:_____	**Visibility**
Bottom:_____	_____ ft/m

SI :	PG
PG	

Depth

_____ ft/m

_____ 15ft/5m

Bottom Time

Exposure Protection		Conditions	
Wetsuit	Y/N	Fresh	Salt
Drysuit	Y/N	Shore	Boat
Hood	Y/N	Current	Drift
Gloves	Y/N	Waves	Surge
Boots	Y/N	Other:	

_____ + _____ = _____
RNT   ABT   TBT

Time In:	Time out:
Start: bar	End: bar

Comments: _____

_____
_____
_____
_____
_____
_____
_____
_____

Dive Center / Resort Stamp	Verification Signature
	_____
	Instructor / DM / Buddy

Dive No.	Dive Site:	Date:
Location:		

Temperature	Weight
Air:_____	_____ lb/kg
Surface:_____	**Visibility**
Bottom:_____	_____ ft/m

SI :	PG
PG	

Depth _____ ft/m _____ 15ft/5m

Bottom Time

_____ + _____ = _____
RNT · ABT · TBT

Exposure Protection		Conditions	
Wetsuit	Y/N	Fresh	Salt
Drysuit	Y/N	Shore	Boat
Hood	Y/N	Current	Drift
Gloves	Y/N	Waves	Surge
Boots	Y/N	Other:	

Time In:	Time out:
Start: bar	End: bar

Comments: _____

_____
_____
_____
_____
_____
_____
_____
_____

Dive Center / Resort Stamp	Verification Signature
	_____
	Instructor / DM / Buddy

Dive No.	Dive Site:	Date:
Location:		

Temperature	Weight
Air:_____	_____ lb/kg
Surface:_____	**Visibility**
Bottom:_____	_____ ft/m

SI :	PG
PG	

Depth _____ ft/m _____ 15ft/5m

Bottom Time

_____ + _____ = _____
RNT   ABT   TBT

Exposure Protection		Conditions	
Wetsuit	Y/N	Fresh	Salt
Drysuit	Y/N	Shore	Boat
Hood	Y/N	Current	Drift
Gloves	Y/N	Waves	Surge
Boots	Y/N	Other:	

Time In:	Time out:
Start: bar	End: bar

Comments: _____

_____
_____
_____
_____
_____
_____
_____
_____
_____

Dive Center / Resort Stamp

Verification Signature

_____
Instructor / DM / Buddy

Dive No.		Dive Site:		Date:	
Location:					

Temperature	Weight
Air:_____	_____ lb/kg
Surface:_____	**Visibility**
Bottom:_____	_____ ft/m

SI   :   PG
PG

Depth
_____ ft/m   _____
                          15ft/5m

Bottom Time
_____
_____ + _____ = _____
RNT   ABT   TBT

Exposure Protection		Conditions	
Wetsuit	Y/N	Fresh	Salt
Drysuit	Y/N	Shore	Boat
Hood	Y/N	Current	Drift
Gloves	Y/N	Waves	Surge
Boots	Y/N	Other:	

Time In:		Time out:	
Start:	bar	End:	bar

Comments: _____

_____
_____
_____
_____
_____
_____
_____
_____

Dive Center / Resort Stamp

Verification Signature

_____
Instructor / DM / Buddy

Dive No.	Dive Site:	Date:
Location:		

Temperature	Weight
Air: _____	_____ lb/kg
Surface: _____	**Visibility**
Bottom: _____	_____ ft/m

SI	:	PG
PG		

Depth _____ ft/m _____ 15ft/5m

Bottom Time _____

_____ + _____ = _____
RNT   ABT   TBT

Exposure Protection		Conditions	
Wetsuit	Y/N	Fresh	Salt
Drysuit	Y/N	Shore	Boat
Hood	Y/N	Current	Drift
Gloves	Y/N	Waves	Surge
Boots	Y/N	Other:	

Time In:	Time out:
Start: bar	End: bar

Comments: _____

_____

_____

_____

_____

_____

_____

_____

_____

Dive Center / Resort Stamp	Verification Signature
	_____
	Instructor / DM / Buddy

Dive No.	Dive Site:	Date:
Location:		

Temperature	Weight		SI :	PG
Air:_____	_____ lb/kg		PG	
Surface:_____	**Visibility**		**Depth**	
Bottom:_____	_____ ft/m		_____ ft/m	15ft/5m

Bottom Time

_____

_____ + _____ = _____

RNT   ABT   TBT

Exposure Protection		Conditions	
Wetsuit	Y/N	Fresh	Salt
Drysuit	Y/N	Shore	Boat
Hood	Y/N	Current	Drift
Gloves	Y/N	Waves	Surge
Boots	Y/N	Other:	

Time In:	Time out:
Start: bar	End: bar

Comments: _____

_____
_____
_____
_____
_____
_____
_____
_____

Dive Center / Resort Stamp

Verification Signature

_____

Instructor / DM / Buddy

Dive No.	Dive Site:	Date:

Location:

Temperature	Weight
Air: _____	_____ lb/kg
Surface: _____	**Visibility**
Bottom: _____	_____ ft/m

SI :	PG
PG	

Depth _____ ft/m _____ 15ft/5m

Bottom Time
_____
_____ + _____ = _____
RNT   ABT   TBT

Exposure Protection		Conditions	
Wetsuit	Y/N	Fresh	Salt
Drysuit	Y/N	Shore	Boat
Hood	Y/N	Current	Drift
Gloves	Y/N	Waves	Surge
Boots	Y/N	Other:	

Time In:	Time out:
Start: bar	End: bar

Comments:

_____
_____
_____
_____
_____
_____
_____
_____
_____

Dive Center / Resort Stamp

Verification Signature

_____
Instructor / DM / Buddy

Dive No.	Dive Site:	Date:
Location:		

Temperature
Air:_____
Surface:_____
Bottom:_____

Weight
_____ lb/kg

Visibility
_____ ft/m

SI :	PG
PG	

Depth _____ ft/m _____ 15ft/5m

Bottom Time _____

_____ + _____ = _____
RNT   ABT   TBT

Exposure Protection		Conditions	
Wetsuit	Y/N	Fresh	Salt
Drysuit	Y/N	Shore	Boat
Hood	Y/N	Current	Drift
Gloves	Y/N	Waves	Surge
Boots	Y/N	Other:	

Time In:	Time out:
Start: bar	End: bar

Comments: _____
_____
_____
_____
_____
_____
_____
_____
_____

Dive Center / Resort Stamp

Verification Signature

_____
Instructor / DM / Buddy

| Dive No. | Dive Site: | Date: |

Location:

Temperature	Weight
Air:_____	_____ lb/kg
Surface:_____	**Visibility**
Bottom:_____	_____ ft/m

SI :	PG
PG	

Depth

_____ ft/m

_____ 15ft/5m

Bottom Time

_____

_____ + _____ = _____
RNT   ABT   TBT

Exposure Protection		Conditions	
Wetsuit	Y/N	Fresh	Salt
Drysuit	Y/N	Shore	Boat
Hood	Y/N	Current	Drift
Gloves	Y/N	Waves	Surge
Boots	Y/N	Other:	

Time In:	Time out:
Start: bar	End: bar

Comments: _____

_____
_____
_____
_____
_____
_____
_____
_____

Dive Center / Resort Stamp

Verification Signature

_____

Instructor / DM / Buddy

Dive No.	Dive Site:		Date:
Location:			

Temperature	Weight
Air:_____	_____ lb/kg
Surface:_____	**Visibility**
Bottom:_____	_____ ft/m

SI	:		PG
PG			

Depth
_____ ft/m
_____ 15ft/5m

Bottom Time
_____

_____ + _____ = _____
RNT   **ABT**   **TBT**

Exposure Protection		Conditions	
Wetsuit	Y/N	Fresh	Salt
Drysuit	Y/N	Shore	Boat
Hood	Y/N	Current	Drift
Gloves	Y/N	Waves	Surge
Boots	Y/N	Other:	

Time In:		Time out:	
Start:	bar	End:	bar

Comments: _____

_____
_____
_____
_____
_____
_____
_____
_____

Dive Center / Resort Stamp

Verification Signature

_____
Instructor / DM / Buddy

Dive No.	Dive Site:	Date:

Location:

Temperature	Weight
Air:_____	_____ lb/kg
Surface:_____	**Visibility**
Bottom:_____	_____ ft/m

SI	:	PG
PG		

Depth

_____ ft/m

_____ 15ft/5m

Bottom Time

_____

_____ + _____ = _____
RNT   ABT   TBT

Exposure Protection		Conditions	
Wetsuit	Y/N	Fresh	Salt
Drysuit	Y/N	Shore	Boat
Hood	Y/N	Current	Drift
Gloves	Y/N	Waves	Surge
Boots	Y/N	Other:	

Time In:	Time out:
Start: bar	End: bar

Comments: _____

_____
_____
_____
_____
_____
_____
_____

Dive Center / Resort Stamp	Verification Signature
	_____
	Instructor / DM / Buddy

Dive No.	Dive Site:		Date:
Location:			

Temperature	Weight		
Air:_____	_____ lb/kg		
Surface:_____	**Visibility**		
Bottom:_____	_____ ft/m		

Exposure Protection		Conditions	
Wetsuit	Y/N	Fresh	Salt
Drysuit	Y/N	Shore	Boat
Hood	Y/N	Current	Drift
Gloves	Y/N	Waves	Surge
Boots	Y/N	Other:	

SI : PG
PG

Depth
_____ ft/m
15ft/5m

Bottom Time
_____
_____ + _____ = _____
RNT   **ABT**   **TBT**

Time In:		**Time out:**	
Start:	bar	**End:**	bar

Comments: _____

_____
_____
_____
_____
_____
_____
_____
_____

Dive Center / Resort Stamp

Verification Signature

_____
Instructor / DM / Buddy

Dive No.	Dive Site:	Date:

Location:

Temperature	Weight
Air:_____	_____ lb/kg
Surface:_____	**Visibility**
Bottom:_____	_____ ft/m

SI :	PG
PG	

Depth _____ ft/m   15ft/5m

Bottom Time

_____ + _____ = _____
RNT   ABT   TBT

Exposure Protection		Conditions	
Wetsuit	Y/N	Fresh	Salt
Drysuit	Y/N	Shore	Boat
Hood	Y/N	Current	Drift
Gloves	Y/N	Waves	Surge
Boots	Y/N	Other:	

Time In:	Time out:
Start: bar	End: bar

Comments: _____

_____
_____
_____
_____
_____
_____
_____
_____

Dive Center / Resort Stamp	Verification Signature
	_____
	Instructor / DM / Buddy

Dive No.	Dive Site:	Date:

Location:

Temperature	Weight
Air:_____	_____ lb/kg
Surface:_____	**Visibility**
Bottom:_____	_____ ft/m

SI :	PG
PG	

Depth
_____ ft/m
_____ 15ft/5m

Bottom Time
_____

_____ + _____ = _____
RNT   **ABT**   **TBT**

Exposure Protection		Conditions	
Wetsuit	Y/N	Fresh	Salt
Drysuit	Y/N	Shore	Boat
Hood	Y/N	Current	Drift
Gloves	Y/N	Waves	Surge
Boots	Y/N	Other:	

Time In:	Time out:
Start: bar	End: bar

Comments: _____
_____
_____
_____
_____
_____
_____
_____
_____

Dive Center / Resort Stamp

Verification Signature

_____
Instructor / DM / Buddy

Dive No.	Dive Site:	Date:
Location:		

Temperature	Weight
Air: _____	_____ lb/kg
Surface: _____	**Visibility**
Bottom: _____	_____ ft/m

SI :	PG
PG	

Depth
_____ ft/m
_____ 15ft/5m

Bottom Time

_____ + _____ = _____
RNT   ABT   TBT

Exposure Protection		Conditions	
Wetsuit	Y/N	Fresh	Salt
Drysuit	Y/N	Shore	Boat
Hood	Y/N	Current	Drift
Gloves	Y/N	Waves	Surge
Boots	Y/N	Other:	

Time In:	Time out:
Start: bar	**End:** bar

Comments: _____

_____
_____
_____
_____
_____
_____
_____
_____

Dive Center / Resort Stamp	Verification Signature
	_____
	Instructor / DM / Buddy

Dive No.	Dive Site:		Date:

Location:

Temperature	Weight
Air:_____	_____ lb/kg
Surface:_____	Visibility
Bottom:_____	_____ ft/m

Exposure Protection		Conditions	
Wetsuit	Y/N	Fresh	Salt
Drysuit	Y/N	Shore	Boat
Hood	Y/N	Current	Drift
Gloves	Y/N	Waves	Surge
Boots	Y/N	Other:	

SI :	PG
PG	

Depth
____ ft/m

_____ 15ft/5m

Bottom Time

____ + ____ = ____
RNT   ABT   TBT

Time In:	Time out:
Start: bar	End: bar

Comments: _____

_____
_____
_____
_____
_____
_____
_____
_____

Dive Center / Resort Stamp

Verification Signature

_____
Instructor / DM / Buddy

Dive No.	Dive Site:	Date:

Location:

Temperature	Weight
Air:_____	_____ lb/kg
Surface:_____	**Visibility**
Bottom:_____	_____ ft/m

SI :	PG
PG	

Depth _____ ft/m

15ft/5m _____

Bottom Time _____

_____ + _____ = _____
RNT   ABT   TBT

Exposure Protection		Conditions	
Wetsuit	Y/N	Fresh	Salt
Drysuit	Y/N	Shore	Boat
Hood	Y/N	Current	Drift
Gloves	Y/N	Waves	Surge
Boots	Y/N	Other:	

Time In:	Time out:
Start: bar	End: bar

Comments: _____

_____
_____
_____
_____
_____
_____
_____
_____

Dive Center / Resort Stamp

Verification Signature

_____
Instructor / DM / Buddy

Dive No.	Dive Site:		Date:
Location:			

Temperature	Weight
Air:_____	_____ lb/kg
Surface:_____	**Visibility**
Bottom:_____	_____ ft/m

SI :	PG
PG	

Depth _____ ft/m

_____ 15ft/5m

Bottom Time

_____

_____ + _____ = _____

RNT   ABT   TBT

Exposure Protection		Conditions	
Wetsuit	Y/N	Fresh	Salt
Drysuit	Y/N	Shore	Boat
Hood	Y/N	Current	Drift
Gloves	Y/N	Waves	Surge
Boots	Y/N	Other:	

Time In:	Time out:
Start: bar	End: bar

Comments: _____

_____
_____
_____
_____
_____
_____
_____
_____

Dive Center / Resort Stamp	Verification Signature
	_____
	Instructor / DM / Buddy

Dive No.	Dive Site:	Date:
Location:		

Temperature	Weight
Air:_____	_____ lb/kg
Surface:_____	**Visibility**
Bottom:_____	_____ ft/m

SI	:	PG
PG		

Depth _____ ft/m

_____ 15ft/5m

Bottom Time

_____

_____ + _____ = _____

RNT **ABT** **TBT**

Exposure Protection		Conditions	
Wetsuit	Y/N	Fresh	Salt
Drysuit	Y/N	Shore	Boat
Hood	Y/N	Current	Drift
Gloves	Y/N	Waves	Surge
Boots	Y/N	Other:	

Time In:	Time out:
Start: bar	End: bar

Comments: _____

_____
_____
_____
_____
_____
_____
_____
_____

Dive Center / Resort Stamp

Verification Signature

_____

Instructor / DM / Buddy

Dive No.	Dive Site:		Date:
Location:			

Temperature	Weight
Air:_____	_____ lb/kg
Surface:_____	Visibility
Bottom:_____	_____ ft/m

Exposure Protection		Conditions	
Wetsuit	Y/N	Fresh	Salt
Drysuit	Y/N	Shore	Boat
Hood	Y/N	Current	Drift
Gloves	Y/N	Waves	Surge
Boots	Y/N	Other:	

SI : | PG
PG

Depth
_____ ft/m
_____ 15ft/5m

Bottom Time
_____

_____ + _____ = _____
RNT   ABT   TBT

Time In:	Time out:
Start: bar	End: bar

Comments: _____

_____
_____
_____
_____
_____
_____
_____
_____

Dive Center / Resort Stamp

Verification Signature

_____
Instructor / DM / Buddy

Dive No.	Dive Site:	Date:

Location:

Temperature	Weight
Air:_____	_____ lb/kg
Surface:_____	**Visibility**
Bottom:_____	_____ ft/m

Exposure Protection		Conditions	
Wetsuit	Y/N	Fresh	Salt
Drysuit	Y/N	Shore	Boat
Hood	Y/N	Current	Drift
Gloves	Y/N	Waves	Surge
Boots	Y/N	Other:	

SI :	PG
PG	

Depth

_____ ft/m

_____ 15ft/5m

Bottom Time

_____ + _____ = _____
RNT   ABT   TBT

Time In:	Time out:
Start: bar	End: bar

Comments: _____

_____
_____
_____
_____
_____
_____
_____
_____

Dive Center / Resort Stamp

Verification Signature

_____
Instructor / DM / Buddy

Dive No.	Dive Site:	Date:

Location:

Temperature	Weight
Air: _____	_____ lb/kg
Surface: _____	**Visibility**
Bottom: _____	_____ ft/m

SI :	PG
PG	

Depth _____ ft/m _____ 15ft/5m

Bottom Time

_____ + _____ = _____
RNT   ABT   TBT

Exposure Protection		Conditions	
Wetsuit	Y/N	Fresh	Salt
Drysuit	Y/N	Shore	Boat
Hood	Y/N	Current	Drift
Gloves	Y/N	Waves	Surge
Boots	Y/N	Other:	

Time In:	Time out:
Start: bar	End: bar

Comments: _____

_____

_____

_____

_____

_____

_____

_____

_____

Dive Center / Resort Stamp	Verification Signature
	_____
	Instructor / DM / Buddy

Dive No.	Dive Site:	Date:

Location:

Temperature	Weight
Air:_____	_____ lb/kg
Surface:_____	**Visibility**
Bottom:_____	_____ ft/m

SI	:	PG
PG		

Depth
_____ ft/m
_____ 15ft/5m

Bottom Time
_____

_____ + _____ = _____
RNT   ABT   TBT

Exposure Protection		Conditions	
Wetsuit	Y/N	Fresh	Salt
Drysuit	Y/N	Shore	Boat
Hood	Y/N	Current	Drift
Gloves	Y/N	Waves	Surge
Boots	Y/N	Other:	

Time In:	Time out:
Start: bar	End: bar

Comments: _____

_____
_____
_____
_____
_____
_____
_____
_____

Dive Center / Resort Stamp

Verification Signature

_____
Instructor / DM / Buddy

Dive No.	Dive Site:		Date:
Location:			

Temperature	Weight
Air:_____	_____ lb/kg
Surface:_____	**Visibility**
Bottom:_____	_____ ft/m

SI   :   PG

PG

Depth _____ ft/m   _____ 15ft/5m

Bottom Time

_____

_____ + _____ = _____

RNT   ABT   TBT

Exposure Protection		Conditions	
Wetsuit	Y/N	Fresh	Salt
Drysuit	Y/N	Shore	Boat
Hood	Y/N	Current	Drift
Gloves	Y/N	Waves	Surge
Boots	Y/N	Other:	

Time In:	Time out:
Start: bar	End: bar

Comments: _____

_____
_____
_____
_____
_____
_____
_____
_____

Dive Center / Resort Stamp

Verification Signature

_____

Instructor / DM / Buddy

Dive No.	Dive Site:	Date:

Location:

Temperature	Weight
Air: _____	_____ lb/kg
Surface: _____	**Visibility**
Bottom: _____	_____ ft/m

SI :	PG
PG	

Depth _____ ft/m

15ft/5m

Bottom Time

_____ + _____ = _____
RNT   ABT   TBT

Exposure Protection		Conditions	
Wetsuit	Y/N	Fresh	Salt
Drysuit	Y/N	Shore	Boat
Hood	Y/N	Current	Drift
Gloves	Y/N	Waves	Surge
Boots	Y/N	Other:	

Time In:	Time out:
Start: bar	End: bar

Comments: _____

_____
_____
_____
_____
_____
_____
_____
_____

Dive Center / Resort Stamp	Verification Signature
	_____
	Instructor / DM / Buddy

Dive No.	Dive Site:		Date:
Location:			

Temperature	Weight
Air:_____	_____ lb/kg
Surface:_____	**Visibility**
Bottom:_____	_____ ft/m

SI	:	PG
PG		

Depth _____ ft/m   _____ 15ft/5m

Bottom Time

_____

_____ + _____ = _____

RNT   ABT   TBT

Exposure Protection		Conditions	
Wetsuit	Y/N	Fresh	Salt
Drysuit	Y/N	Shore	Boat
Hood	Y/N	Current	Drift
Gloves	Y/N	Waves	Surge
Boots	Y/N	Other:	

Time In:		Time out:	
Start:	bar	End:	bar

Comments: _____

_____

_____

_____

_____

_____

_____

_____

_____

Dive Center / Resort Stamp

Verification Signature

_____

Instructor / DM / Buddy

| Dive No. | Dive Site: | Date: |

Location:

Temperature	Weight
Air:_____	_____ lb/kg
Surface:_____	**Visibility**
Bottom:_____	_____ ft/m

SI :	PG
PG	

Depth _____ ft/m _____ 15ft/5m

Bottom Time

_____ + _____ = _____
RNT   ABT   TBT

Exposure Protection		Conditions	
Wetsuit	Y/N	Fresh	Salt
Drysuit	Y/N	Shore	Boat
Hood	Y/N	Current	Drift
Gloves	Y/N	Waves	Surge
Boots	Y/N	Other:	

Time In:	Time out:
Start: bar	End: bar

Comments: _____

_____
_____
_____
_____
_____
_____
_____
_____

Dive Center / Resort Stamp

Verification Signature

_____
Instructor / DM / Buddy

Dive No.	Dive Site:		Date:
Location:			

Temperature	Weight
Air:_____	_____ lb/kg
Surface:_____	**Visibility**
Bottom:_____	_____ ft/m

Exposure Protection		Conditions	
Wetsuit	Y/N	Fresh	Salt
Drysuit	Y/N	Shore	Boat
Hood	Y/N	Current	Drift
Gloves	Y/N	Waves	Surge
Boots	Y/N	Other:	

SI : PG

PG

Depth
_____ft/m   _____ 15ft/5m

Bottom Time
_____

_____ + _____ = _____
RNT   ABT   TBT

Time In:	Time out:
Start: bar	End: bar

Comments: _____

_____
_____
_____
_____
_____
_____
_____
_____

Dive Center / Resort Stamp

Verification Signature

_____

Instructor / DM / Buddy

Dive No.	Dive Site:		Date:
Location:			

Temperature	Weight
Air: _____	_____ lb/kg
Surface: _____	**Visibility**
Bottom: _____	_____ ft/m

SI	:	PG
PG		

Depth _____ ft/m   15ft/5m

Bottom Time
_____

_____ + _____ = _____
RNT   ABT   TBT

Exposure Protection		Conditions	
Wetsuit	Y/N	Fresh	Salt
Drysuit	Y/N	Shore	Boat
Hood	Y/N	Current	Drift
Gloves	Y/N	Waves	Surge
Boots	Y/N	Other:	

Time In:	Time out:
Start: bar	End: bar

Comments: _____

_____
_____
_____
_____
_____
_____
_____
_____

Dive Center / Resort Stamp	Verification Signature
	_____
	Instructor / DM / Buddy

Dive No.	Dive Site:		Date:
Location:			

Temperature	Weight
Air:_____	_____ lb/kg
Surface:_____	**Visibility**
Bottom:_____	_____ ft/m

SI : | PG
PG

Depth
_____ ft/m
_____ 15ft/5m

Bottom Time
_____

_____ + _____ = _____
RNT   **ABT**   **TBT**

Exposure Protection		Conditions	
Wetsuit	Y/N	Fresh	Salt
Drysuit	Y/N	Shore	Boat
Hood	Y/N	Current	Drift
Gloves	Y/N	Waves	Surge
Boots	Y/N	Other:	

Time In:		**Time out:**	
Start:	bar	**End:**	bar

Comments: _____
_____
_____
_____
_____
_____
_____
_____
_____

Dive Center / Resort Stamp

Verification Signature

_____
Instructor / DM / Buddy

Dive No.	Dive Site:	Date:

Location:

Temperature	Weight
Air:_____	_____ lb/kg
Surface:_____	**Visibility**
Bottom:_____	_____ ft/m

SI :	PG
PG	

Depth _____ ft/m

15ft/5m

Bottom Time

_____ + _____ = _____
RNT   ABT   TBT

Exposure Protection		Conditions	
Wetsuit	Y/N	Fresh	Salt
Drysuit	Y/N	Shore	Boat
Hood	Y/N	Current	Drift
Gloves	Y/N	Waves	Surge
Boots	Y/N	Other:	

Time In:	Time out:
Start: bar	End: bar

Comments: _____
_____
_____
_____
_____
_____
_____
_____
_____

Dive Center / Resort Stamp

Verification Signature

_____
Instructor / DM / Buddy

Dive No.	Dive Site:		Date:
Location:			

Temperature	Weight				
Air:_____	_____ lb/kg				
Surface:_____	**Visibility**				
Bottom:_____	_____ ft/m				

Exposure Protection		Conditions	
Wetsuit	Y/N	Fresh	Salt
Drysuit	Y/N	Shore	Boat
Hood	Y/N	Current	Drift
Gloves	Y/N	Waves	Surge
Boots	Y/N	Other:	

SI :   PG
PG

Depth ____ft/m   ____ 15ft/5m

Bottom Time
_____
____ + ____ = ____
RNT   ABT   TBT

Time In:		**Time out:**	
Start:	bar	**End:**	bar

Comments: _____
_____
_____
_____
_____
_____
_____
_____
_____

Dive Center / Resort Stamp

Verification Signature

Instructor / DM / Buddy

Dive No.	Dive Site:	Date:
Location:		

Temperature	Weight
Air:_____	_____ lb/kg
Surface:_____	**Visibility**
Bottom:_____	_____ ft/m

SI	:	PG
PG		

Depth
_____ ft/m
_____ 15ft/5m

Bottom Time

_____ + _____ = _____
RNT ABT TBT

Exposure Protection		Conditions	
Wetsuit	Y/N	Fresh	Salt
Drysuit	Y/N	Shore	Boat
Hood	Y/N	Current	Drift
Gloves	Y/N	Waves	Surge
Boots	Y/N	Other:	

Time In:	Time out:
Start: bar	End: bar

Comments: _____

_____
_____
_____
_____
_____
_____
_____
_____

Dive Center / Resort Stamp

Verification Signature

_____
Instructor / DM / Buddy

Dive No.	Dive Site:		Date:
Location:			

Temperature	Weight		
Air:_____	_____ lb/kg		
Surface:_____	**Visibility**		
Bottom:_____	_____ ft/m		

SI   :   PG
PG
Depth
_____ ft/m   _____
                   15ft/5m
Bottom Time
_____
_____ + _____ = _____
RNT   ABT   TBT

Exposure Protection		Conditions	
Wetsuit	Y/N	Fresh	Salt
Drysuit	Y/N	Shore	Boat
Hood	Y/N	Current	Drift
Gloves	Y/N	Waves	Surge
Boots	Y/N	Other:	

Time In:		Time out:	
Start:	bar	End:	bar

Comments: _____

_____
_____
_____
_____
_____
_____
_____
_____

Dive Center / Resort Stamp	Verification Signature
	_____
	Instructor / DM / Buddy

Dive No.	Dive Site:	Date:

Location:

Temperature	Weight
Air: _____	_____ lb/kg
Surface: _____	**Visibility**
Bottom: _____	_____ ft/m

SI	:	PG
PG		

Depth _____ ft/m   _____ 15ft/5m

Bottom Time

_____ + _____ = _____
RNT   ABT   TBT

Exposure Protection		Conditions	
Wetsuit	Y/N	Fresh	Salt
Drysuit	Y/N	Shore	Boat
Hood	Y/N	Current	Drift
Gloves	Y/N	Waves	Surge
Boots	Y/N	Other:	

Time In:	Time out:
Start: bar	End: bar

Comments:

_____

_____

_____

_____

_____

_____

_____

_____

_____

Dive Center / Resort Stamp	Verification Signature
	_____
	Instructor / DM / Buddy

Dive No.	Dive Site:		Date:
Location:			

Temperature	Weight		SI :	PG
Air:_____	_____ lb/kg		PG	
Surface:_____	**Visibility**			
Bottom:_____	_____ ft/m		Depth _____ ft/m	_____ 15ft/5m

Bottom Time

_____

_____ + _____ = _____

RNT **ABT** **TBT**

Exposure Protection		Conditions	
Wetsuit	Y/N	Fresh	Salt
Drysuit	Y/N	Shore	Boat
Hood	Y/N	Current	Drift
Gloves	Y/N	Waves	Surge
Boots	Y/N	Other:	

Time In:		Time out:	
Start:	bar	End:	bar

Comments: _____

_____
_____
_____
_____
_____
_____
_____
_____

Dive Center / Resort Stamp

Verification Signature

_____

Instructor / DM / Buddy

Dive No.	Dive Site:	Date:

Location:

Temperature	Weight
Air:_____	_____ lb/kg
Surface:_____	**Visibility**
Bottom:_____	_____ ft/m

SI :	PG
PG	

Depth _____ ft/m   _____ 15ft/5m

Bottom Time

_____ + _____ = _____
RNT   **ABT**   **TBT**

Exposure Protection		Conditions	
Wetsuit	Y/N	Fresh	Salt
Drysuit	Y/N	Shore	Boat
Hood	Y/N	Current	Drift
Gloves	Y/N	Waves	Surge
Boots	Y/N	Other:	

Time In:	Time out:
Start: bar	End: bar

Comments: _____

_____
_____
_____
_____
_____
_____
_____
_____

Dive Center / Resort Stamp

Verification Signature

_____

Instructor / DM / Buddy

Dive No.	Dive Site:	Date:

Location:

Temperature	Weight
Air:_____	_____ lb/kg
Surface:_____	**Visibility**
Bottom:_____	_____ ft/m

SI :	PG
PG	

Depth _____ 15ft/5m

_____ ft/m

Bottom Time

_____

_____ + _____ = _____

RNT   ABT   TBT

Exposure Protection		Conditions	
Wetsuit	Y/N	Fresh	Salt
Drysuit	Y/N	Shore	Boat
Hood	Y/N	Current	Drift
Gloves	Y/N	Waves	Surge
Boots	Y/N	Other:	

Time In:		**Time out:**	
Start:	bar	**End:**	bar

Comments: _____

_____
_____
_____
_____
_____
_____
_____
_____

Dive Center / Resort Stamp

Verification Signature

_____

Instructor / DM / Buddy

Dive No.	Dive Site:	Date:

Location:

Temperature	Weight
Air:_____	_____ lb/kg
Surface:_____	**Visibility**
Bottom:_____	_____ ft/m

SI :	PG
PG	

Depth _____ ft/m

_____ 15ft/5m

Bottom Time

_____

_____ + _____ = _____

RNT   ABT   TBT

Exposure Protection		Conditions	
Wetsuit	Y/N	Fresh	Salt
Drysuit	Y/N	Shore	Boat
Hood	Y/N	Current	Drift
Gloves	Y/N	Waves	Surge
Boots	Y/N	Other:	

Time In:	Time out:
Start: bar	End: bar

Comments: _____

_____

_____

_____

_____

_____

_____

_____

Dive Center / Resort Stamp	Verification Signature
	_____
	Instructor / DM / Buddy

Dive No.	Dive Site:		Date:

Location:

Temperature	Weight
Air:_____	_____ lb/kg
Surface:_____	**Visibility**
Bottom:_____	_____ ft/m

SI	:	PG
PG		

Depth _____ ft/m _____ 15ft/5m

Bottom Time
_____

_____ + _____ = _____
RNT   ABT   TBT

Exposure Protection		Conditions	
Wetsuit	Y/N	Fresh	Salt
Drysuit	Y/N	Shore	Boat
Hood	Y/N	Current	Drift
Gloves	Y/N	Waves	Surge
Boots	Y/N	Other:	

Time In:	Time out:
Start: bar	End: bar

Comments: _____

_____
_____
_____
_____
_____
_____
_____
_____

Dive Center / Resort Stamp	Verification Signature
	_____
	Instructor / DM / Buddy

Dive No.	Dive Site:		Date:
Location:			

Temperature	Weight
Air: _____	_____ lb/kg
Surface: _____	**Visibility**
Bottom: _____	_____ ft/m

SI :		PG
PG		

Depth _____ ft/m / 15ft/5m

Bottom Time

_____ + _____ = _____
RNT   ABT   TBT

Exposure Protection		Conditions	
Wetsuit	Y/N	Fresh	Salt
Drysuit	Y/N	Shore	Boat
Hood	Y/N	Current	Drift
Gloves	Y/N	Waves	Surge
Boots	Y/N	Other:	

Time In:	Time out:
Start: bar	End: bar

Comments: _____

_____
_____
_____
_____
_____
_____
_____
_____

Dive Center / Resort Stamp

Verification Signature

_____
Instructor / DM / Buddy

Dive No.		Dive Site:		Date:
Location:				

Temperature	Weight
Air:_____	_____ lb/kg
Surface:_____	**Visibility**
Bottom:_____	_____ ft/m

SI	:	PG
PG		

Depth

_____ ft/m

_____ 15ft/5m

Bottom Time

_____

_____ + _____ = _____

RNT **ABT** **TBT**

Exposure Protection		Conditions	
Wetsuit	Y/N	Fresh	Salt
Drysuit	Y/N	Shore	Boat
Hood	Y/N	Current	Drift
Gloves	Y/N	Waves	Surge
Boots	Y/N	Other:	

Time In:	Time out:
Start: bar	End: bar

Comments: _____

_____

_____

_____

_____

_____

_____

_____

_____

Dive Center / Resort Stamp	Verification Signature
	_____
	Instructor / DM / Buddy

Dive No.	Dive Site:	Date:

Location:

Temperature	Weight
Air:_____	_____ lb/kg
Surface:_____	**Visibility**
Bottom:_____	_____ ft/m

SI	:	PG
PG		

Depth

_____ ft/m

_____ 15ft/5m

Bottom Time

_____

_____ + _____ = _____

RNT   ABT   TBT

Exposure Protection		Conditions	
Wetsuit	Y/N	Fresh	Salt
Drysuit	Y/N	Shore	Boat
Hood	Y/N	Current	Drift
Gloves	Y/N	Waves	Surge
Boots	Y/N	Other:	

Time In:	Time out:
Start: bar	End: bar

Comments:

_____
_____
_____
_____
_____
_____
_____
_____
_____

Dive Center / Resort Stamp	Verification Signature
	_____
	Instructor / DM / Buddy

Dive No.	Dive Site:	Date:
Location:		

Temperature
Air: _____
Surface: _____
Bottom: _____

Weight
_____ lb/kg

Visibility
_____ ft/m

| SI | : | PG |
| PG | | |

Depth _____ ft/m   _____ 15ft/5m

Bottom Time

_____ + _____ = _____
RNT   **ABT**   **TBT**

Exposure Protection		Conditions	
Wetsuit	Y/N	Fresh	Salt
Drysuit	Y/N	Shore	Boat
Hood	Y/N	Current	Drift
Gloves	Y/N	Waves	Surge
Boots	Y/N	Other:	

Time In:	Time out:
Start: _____ bar	End: _____ bar

Comments: _____

_____

_____

_____

_____

_____

_____

_____

_____

Dive Center / Resort Stamp

Verification Signature

_____

Instructor / DM / Buddy

Dive No.	Dive Site:	Date:

Location:

Temperature	Weight
Air:_____	_____ lb/kg
Surface:_____	**Visibility**
Bottom:_____	_____ ft/m

SI	:	PG
PG		

Depth
_____ ft/m

_____
15ft/5m

Bottom Time

_____ + _____ = _____
RNT   ABT   TBT

Exposure Protection		Conditions	
Wetsuit	Y/N	Fresh	Salt
Drysuit	Y/N	Shore	Boat
Hood	Y/N	Current	Drift
Gloves	Y/N	Waves	Surge
Boots	Y/N	Other:	

Time In:	Time out:
Start: bar	End: bar

Comments: _____

_____
_____
_____
_____
_____
_____
_____
_____

Dive Center / Resort Stamp

Verification Signature

_____
Instructor / DM / Buddy

Dive No.	Dive Site:		Date:
Location:			

Temperature	Weight
Air:_____	_____ lb/kg
Surface:_____	**Visibility**
Bottom:_____	_____ ft/m

Exposure Protection		Conditions	
Wetsuit	Y/N	Fresh	Salt
Drysuit	Y/N	Shore	Boat
Hood	Y/N	Current	Drift
Gloves	Y/N	Waves	Surge
Boots	Y/N	Other:	

SI   :   PG
PG

Depth
_____ ft/m   _____
                              15ft/5m

Bottom Time
_____

_____ + _____ = _____
RNT   ABT   TBT

Time In:	Time out:
Start: bar	End: bar

Comments: _____
_____
_____
_____
_____
_____
_____
_____

Dive Center / Resort Stamp

Verification Signature

_____
Instructor / DM / Buddy

Dive No.	Dive Site:	Date:

Location:

Temperature	Weight
Air: _____	_____ lb/kg
Surface: _____	**Visibility**
Bottom: _____	_____ ft/m

SI :	PG
PG	

Depth _____ ft/m

_____ 15ft/5m

Bottom Time

_____ + _____ = _____
RNT   ABT   TBT

Exposure Protection		Conditions	
Wetsuit	Y/N	Fresh	Salt
Drysuit	Y/N	Shore	Boat
Hood	Y/N	Current	Drift
Gloves	Y/N	Waves	Surge
Boots	Y/N	Other:	

Time In:	Time out:
Start: bar	End: bar

Comments:

_____
_____
_____
_____
_____
_____
_____
_____
_____

Dive Center / Resort Stamp	Verification Signature
	Instructor / DM / Buddy

Dive No.	Dive Site:	Date:

Location:

Temperature	Weight
Air:_____	_____ lb/kg
Surface:_____	**Visibility**
Bottom:_____	_____ ft/m

SI	:	PG
PG		

Depth _____ ft/m
15ft/5m

Bottom Time

_____ + _____ = _____
RNT   ABT   TBT

Exposure Protection		Conditions	
Wetsuit	Y/N	Fresh	Salt
Drysuit	Y/N	Shore	Boat
Hood	Y/N	Current	Drift
Gloves	Y/N	Waves	Surge
Boots	Y/N	Other:	

Time In:		**Time out:**	
Start:	bar	**End:**	bar

Comments: _____

_____
_____
_____
_____
_____
_____
_____
_____

Dive Center / Resort Stamp

Verification Signature

_____
Instructor / DM / Buddy

Dive No.	Dive Site:	Date:

Location:

Temperature	Weight
Air: _____	_____ lb/kg
Surface: _____	**Visibility**
Bottom: _____	_____ ft/m

SI	:	PG
PG		

Depth _____ ft/m / 15ft/5m

Bottom Time

_____ + _____ = _____
RNT   **ABT**   **TBT**

Exposure Protection		Conditions	
Wetsuit	Y/N	Fresh	Salt
Drysuit	Y/N	Shore	Boat
Hood	Y/N	Current	Drift
Gloves	Y/N	Waves	Surge
Boots	Y/N	Other:	

Time In:	Time out:
Start: bar	End: bar

Comments: _____

_____
_____
_____
_____
_____
_____
_____
_____

Dive Center / Resort Stamp

Verification Signature

Instructor / DM / Buddy

Dive No.	Dive Site:		Date:
Location:			

Temperature	Weight
Air:_____	_____ lb/kg
Surface:_____	**Visibility**
Bottom:_____	_____ ft/m

SI	:	PG
PG		

Depth

_____ ft/m

_____ 15ft/5m

Bottom Time

_____

_____ + _____ = _____

RNT   ABT   TBT

Exposure Protection		Conditions	
Wetsuit	Y/N	Fresh	Salt
Drysuit	Y/N	Shore	Boat
Hood	Y/N	Current	Drift
Gloves	Y/N	Waves	Surge
Boots	Y/N	Other:	

Time In:		Time out:	
Start:	bar	End:	bar

Comments: _____

_____
_____
_____
_____
_____
_____
_____
_____

Dive Center / Resort Stamp	Verification Signature
	_____
	Instructor / DM / Buddy

Dive No.	Dive Site:	Date:

Location:

Temperature	Weight
Air:_____	_____ lb/kg
Surface:_____	**Visibility**
Bottom:_____	_____ ft/m

SI	:	PG
PG		

Depth _____ ft/m

_____ 15ft/5m

Bottom Time

_____ + _____ = _____
RNT   ABT   TBT

Exposure Protection		Conditions	
Wetsuit	Y/N	Fresh	Salt
Drysuit	Y/N	Shore	Boat
Hood	Y/N	Current	Drift
Gloves	Y/N	Waves	Surge
Boots	Y/N	Other:	

Time In:	Time out:
Start: bar	End: bar

Comments:

_____
_____
_____
_____
_____
_____
_____
_____
_____

Dive Center / Resort Stamp	Verification Signature
	_____
	Instructor / DM / Buddy

Dive No.	Dive Site:		Date:
Location:			

Temperature
Air:_____
Surface:_____
Bottom:_____

Weight
_____ lb/kg

Visibility
_____ ft/m

SI   :   PG
PG

Depth
_____ ft/m
15ft/5m

Bottom Time
_____

_____ + _____ = _____
RNT   ABT   TBT

Exposure Protection		Conditions	
Wetsuit	Y/N	Fresh	Salt
Drysuit	Y/N	Shore	Boat
Hood	Y/N	Current	Drift
Gloves	Y/N	Waves	Surge
Boots	Y/N	Other:	

Time In:		Time out:	
Start:	bar	End:	bar

Comments: _____
_____
_____
_____
_____
_____
_____
_____
_____

Dive Center / Resort Stamp

Verification Signature

_____
Instructor / DM / Buddy

Dive No.	Dive Site:	Date:
Location:		

Temperature	Weight
Air: _____	_____ lb/kg
Surface: _____	**Visibility**
Bottom: _____	_____ ft/m

SI :	PG
PG	

Depth
_____ ft/m
_____ 15ft/5m

Bottom Time
_____

_____ + _____ = _____
RNT   ABT   TBT

Exposure Protection		Conditions	
Wetsuit	Y/N	Fresh	Salt
Drysuit	Y/N	Shore	Boat
Hood	Y/N	Current	Drift
Gloves	Y/N	Waves	Surge
Boots	Y/N	Other:	

Time In:	Time out:
Start: bar	End: bar

Comments:
_____
_____
_____
_____
_____
_____
_____
_____
_____

Dive Center / Resort Stamp

Verification Signature

_____
Instructor / DM / Buddy

Dive No.	Dive Site:		Date:
Location:			

Temperature	Weight		
Air:_____	_____ lb/kg		
Surface:_____	**Visibility**		
Bottom:_____	_____ ft/m		

Exposure Protection		Conditions	
Wetsuit	Y/N	Fresh	Salt
Drysuit	Y/N	Shore	Boat
Hood	Y/N	Current	Drift
Gloves	Y/N	Waves	Surge
Boots	Y/N	Other:	

SI	:	PG
PG		

Depth

_____ ft/m

_____ 15ft/5m

Bottom Time

_____

_____ + _____ = _____

RNT   ABT   TBT

Time In:		**Time out:**	
Start:	bar	**End:**	bar

Comments: _____

_____
_____
_____
_____
_____
_____
_____
_____

Dive Center / Resort Stamp

Verification Signature

_____

Instructor / DM / Buddy

| Dive No. | Dive Site: | Date: |

Location:

Temperature	**Weight**
Air:_____	_____ lb/kg
Surface:_____	**Visibility**
Bottom:_____	_____ ft/m

| SI | : | PG |
| PG | | |

Depth
_____ ft/m

_____
15ft/5m

Bottom Time

_____

_____ + _____ = _____
RNT   **ABT**   **TBT**

Exposure Protection		**Conditions**	
Wetsuit	Y/N	Fresh	Salt
Drysuit	Y/N	Shore	Boat
Hood	Y/N	Current	Drift
Gloves	Y/N	Waves	Surge
Boots	Y/N	Other:	

| Time In: | Time out: |
| Start: bar | End: bar |

Comments: _____

_____
_____
_____
_____
_____
_____
_____
_____

Dive Center / Resort Stamp

Verification Signature

_____
Instructor / DM / Buddy

Dive No.	Dive Site:		Date:
Location:			

Temperature	Weight		
Air:_____	_____ lb/kg		
Surface:_____	**Visibility**		
Bottom:_____	_____ ft/m		

SI	:	PG
PG		

Depth _____ ft/m   15ft/5m

Bottom Time _____

_____ + _____ = _____
RNT   ABT   TBT

Exposure Protection		Conditions	
Wetsuit	Y/N	Fresh	Salt
Drysuit	Y/N	Shore	Boat
Hood	Y/N	Current	Drift
Gloves	Y/N	Waves	Surge
Boots	Y/N	Other:	

Time In:	Time out:
Start: bar	End: bar

Comments: _____

_____
_____
_____
_____
_____
_____
_____
_____

Dive Center / Resort Stamp

Verification Signature

_____
Instructor / DM / Buddy

Dive No.	Dive Site:	Date:
Location:		

Temperature
Air: _____
Surface: _____
Bottom: _____

Weight
_____ lb/kg

Visibility
_____ ft/m

SI	:	PG
PG		

Depth
_____ ft/m
_____ 15ft/5m

Bottom Time

_____ + _____ = _____
RNT   ABT   TBT

Exposure Protection		Conditions	
Wetsuit	Y/N	Fresh	Salt
Drysuit	Y/N	Shore	Boat
Hood	Y/N	Current	Drift
Gloves	Y/N	Waves	Surge
Boots	Y/N	Other:	

Time In:	Time out:
Start: bar	End: bar

Comments: _____
_____
_____
_____
_____
_____
_____
_____
_____

Dive Center / Resort Stamp

Verification Signature

_____
Instructor / DM / Buddy

Dive No.	Dive Site:	Date:

Location:

Temperature	Weight
Air:_____	_____ lb/kg
Surface:_____	**Visibility**
Bottom:_____	_____ ft/m

Exposure Protection		Conditions	
Wetsuit	Y/N	Fresh	Salt
Drysuit	Y/N	Shore	Boat
Hood	Y/N	Current	Drift
Gloves	Y/N	Waves	Surge
Boots	Y/N	Other:	

SI   :   PG
PG

Depth
_____ ft/m
_____ 15ft/5m

Bottom Time
_____
_____ + _____ = _____
RNT   ABT   TBT

Time In:	Time out:
Start: _____ bar	End: _____ bar

Comments: _____
_____
_____
_____
_____
_____
_____
_____
_____

Dive Center / Resort Stamp

Verification Signature

_____
Instructor / DM / Buddy

Dive No.	Dive Site:	Date:

Location:

Temperature	Weight
Air:_____	_____ lb/kg
Surface:_____	**Visibility**
Bottom:_____	_____ ft/m

SI :	PG
PG	

Depth
_____ ft/m   _____ 15ft/5m

Bottom Time

_____ + _____ = _____
RNT   ABT   TBT

Exposure Protection		Conditions	
Wetsuit	Y/N	Fresh	Salt
Drysuit	Y/N	Shore	Boat
Hood	Y/N	Current	Drift
Gloves	Y/N	Waves	Surge
Boots	Y/N	Other:	

Time In:	Time out:
Start: bar	End: bar

Comments: _____

_____
_____
_____
_____
_____
_____
_____
_____

Dive Center / Resort Stamp	Verification Signature
	_____
	Instructor / DM / Buddy

Dive No.	Dive Site:	Date:
Location:		

Temperature	Weight
Air:_____	_____ lb/kg
Surface:_____	Visibility
Bottom:_____	_____ ft/m

SI :		PG
PG		

Depth
_____ ft/m

_____ 15ft/5m

Bottom Time
_____

_____ + _____ = _____
RNT   **ABT**   **TBT**

Exposure Protection		Conditions	
Wetsuit	Y/N	Fresh	Salt
Drysuit	Y/N	Shore	Boat
Hood	Y/N	Current	Drift
Gloves	Y/N	Waves	Surge
Boots	Y/N	Other:	

Time In:	Time out:
Start: bar	End: bar

Comments: _____

_____
_____
_____
_____
_____
_____
_____
_____

Dive Center / Resort Stamp

Verification Signature

_____
Instructor / DM / Buddy

| Dive No. | Dive Site: | Date: |

Location:

Temperature	Weight
Air: _____	_____ lb/kg
Surface: _____	**Visibility**
Bottom: _____	_____ ft/m

SI :	PG
PG	

Depth _____ ft/m   _____ 15ft/5m

Bottom Time

_____ + _____ = _____
RNT   ABT   TBT

Exposure Protection		Conditions	
Wetsuit	Y/N	Fresh	Salt
Drysuit	Y/N	Shore	Boat
Hood	Y/N	Current	Drift
Gloves	Y/N	Waves	Surge
Boots	Y/N	Other:	

Time In:	Time out:
Start: bar	End: bar

Comments:
_____
_____
_____
_____
_____
_____
_____
_____
_____

Dive Center / Resort Stamp

Verification Signature

_____

Instructor / DM / Buddy

Dive No.	Dive Site:	Date:

Location:

Temperature	Weight
Air:_____	_____ lb/kg
Surface:_____	**Visibility**
Bottom:_____	_____ ft/m

SI	:	PG
PG		

Depth
_____ ft/m
_____ 15ft/5m

Bottom Time
_____

_____ + _____ = _____
RNT   ABT   TBT

Exposure Protection		Conditions	
Wetsuit	Y/N	Fresh	Salt
Drysuit	Y/N	Shore	Boat
Hood	Y/N	Current	Drift
Gloves	Y/N	Waves	Surge
Boots	Y/N	Other:	

Time In:	Time out:
Start: bar	End: bar

Comments: _____
_____
_____
_____
_____
_____
_____
_____
_____

Dive Center / Resort Stamp	Verification Signature
	_____
	Instructor / DM / Buddy

Dive No.	Dive Site:	Date:
Location:		

Temperature	Weight
Air: _____	_____ lb/kg
Surface: _____	**Visibility**
Bottom: _____	_____ ft/m

SI	:	PG
PG		

Depth
_____ ft/m
_____ 15ft/5m

Bottom Time

_____ + _____ = _____
RNT ABT TBT

Exposure Protection		Conditions	
Wetsuit	Y/N	Fresh	Salt
Drysuit	Y/N	Shore	Boat
Hood	Y/N	Current	Drift
Gloves	Y/N	Waves	Surge
Boots	Y/N	Other:	

Time In:	Time out:
Start: bar	End: bar

Comments: _____

_____
_____
_____
_____
_____
_____
_____
_____

Dive Center / Resort Stamp	Verification Signature
	_____
	Instructor / DM / Buddy

Dive No.	Dive Site:		Date:
Location:			

Temperature	Weight
Air:_____	_____ lb/kg
Surface:_____	**Visibility**
Bottom:_____	_____ ft/m

SI	:	PG
PG		

Depth
_____ ft/m

_____
15ft/5m

Bottom Time
_____

_____ + _____ = _____
RNT   ABT   TBT

Exposure Protection		Conditions	
Wetsuit	Y/N	Fresh	Salt
Drysuit	Y/N	Shore	Boat
Hood	Y/N	Current	Drift
Gloves	Y/N	Waves	Surge
Boots	Y/N	Other:	

Time In:		Time out:	
Start:	bar	End:	bar

Comments: _____

_____
_____
_____
_____
_____
_____
_____

Dive Center / Resort Stamp

Verification Signature

_____
Instructor / DM / Buddy

Dive No.	Dive Site:		Date:
Location:			

Temperature	Weight
Air:_____	_____ lb/kg
Surface:_____	**Visibility**
Bottom:_____	_____ ft/m

SI	:	PG
PG		

Depth

_____ ft/m

_____ 15ft/5m

Bottom Time

_____

_____ + _____ = _____

RNT ABT TBT

Exposure Protection		Conditions	
Wetsuit	Y/N	Fresh	Salt
Drysuit	Y/N	Shore	Boat
Hood	Y/N	Current	Drift
Gloves	Y/N	Waves	Surge
Boots	Y/N	Other:	

Time In:	Time out:
Start: bar	End: bar

Comments: _____

_____

_____

_____

_____

_____

_____

_____

_____

Dive Center / Resort Stamp	Verification Signature
	_____
	Instructor / DM / Buddy

Dive No.	Dive Site:	Date:

Location:		

Temperature
Air: _____
Surface: _____
Bottom: _____

Weight
_____ lb/kg

Visibility
_____ ft/m

SI	:	PG
PG		

Depth
_____ ft/m
_____ 15ft/5m

Bottom Time
_____

_____ + _____ = _____
RNT   ABT   TBT

Exposure Protection		Conditions	
Wetsuit	Y/N	Fresh	Salt
Drysuit	Y/N	Shore	Boat
Hood	Y/N	Current	Drift
Gloves	Y/N	Waves	Surge
Boots	Y/N	Other:	

Time In:	Time out:
Start: _____ bar	End: _____ bar

Comments: _____
_____
_____
_____
_____
_____
_____
_____
_____

Dive Center / Resort Stamp	Verification Signature
	_____
	Instructor / DM / Buddy

Dive No.	Dive Site:	Date:

Location:

Temperature	Weight
Air: _____	_____ lb/kg
Surface: _____	**Visibility**
Bottom: _____	_____ ft/m

SI :	PG
PG	

Depth _____ ft/m   _____ 15ft/5m

Bottom Time

_____ + _____ = _____
RNT   ABT   TBT

Exposure Protection		Conditions	
Wetsuit	Y/N	Fresh	Salt
Drysuit	Y/N	Shore	Boat
Hood	Y/N	Current	Drift
Gloves	Y/N	Waves	Surge
Boots	Y/N	Other:	

Time In:	Time out:
Start: bar	End: bar

Comments: _____

_____

_____

_____

_____

_____

_____

_____

_____

Dive Center / Resort Stamp

Verification Signature

_____

Instructor / DM / Buddy

Dive No.	Dive Site:		Date:
Location:			

Temperature	Weight
Air:_____	_____ lb/kg
Surface:_____	**Visibility**
Bottom:_____	_____ ft/m

Exposure Protection		Conditions	
Wetsuit	Y/N	Fresh	Salt
Drysuit	Y/N	Shore	Boat
Hood	Y/N	Current	Drift
Gloves	Y/N	Waves	Surge
Boots	Y/N	Other:	

SI	:		PG	
PG				

Depth
_____ ft/m
_____ 15ft/5m

Bottom Time
_____

_____ + _____ = _____
RNT   **ABT**   **TBT**

Time In:		Time out:	
Start:	bar	End:	bar

Comments: _____
_____
_____
_____
_____
_____
_____
_____
_____

Dive Center / Resort Stamp

Verification Signature

_____
Instructor / DM / Buddy

Dive No.	Dive Site:	Date:

Location:

Temperature	Weight
Air:_____	_____ lb/kg
Surface:_____	**Visibility**
Bottom:_____	_____ ft/m

SI	:	PG
PG		

Depth _____ ft/m   _____ 15ft/5m

Bottom Time

_____ + _____ = _____
RNT   ABT   TBT

Exposure Protection		Conditions	
Wetsuit	Y/N	Fresh	Salt
Drysuit	Y/N	Shore	Boat
Hood	Y/N	Current	Drift
Gloves	Y/N	Waves	Surge
Boots	Y/N	Other:	

Time In:	Time out:
Start: bar	End: bar

Comments: _____

_____
_____
_____
_____
_____
_____
_____
_____

Dive Center / Resort Stamp	Verification Signature
	_____
	Instructor / DM / Buddy

Dive No.	Dive Site:		Date:

Location:

Temperature	Weight
Air:_____	_____ lb/kg
Surface:_____	**Visibility**
Bottom:_____	_____ ft/m

SI	:	PG
PG		

Depth

_____ ft/m

_____ 15ft/5m

Bottom Time

_____

_____ + _____ = _____

RNT   ABT   TBT

Exposure Protection		Conditions	
Wetsuit	Y/N	Fresh	Salt
Drysuit	Y/N	Shore	Boat
Hood	Y/N	Current	Drift
Gloves	Y/N	Waves	Surge
Boots	Y/N	Other:	

Time In:		Time out:	
Start:	bar	End:	bar

Comments: _____

_____
_____
_____
_____
_____
_____
_____
_____

Dive Center / Resort Stamp

Verification Signature

_____

Instructor / DM / Buddy

Dive No.	Dive Site:	Date:

Location:

Temperature	Weight
Air: _____	_____ lb/kg
Surface: _____	**Visibility**
Bottom: _____	_____ ft/m

SI :	PG
PG	

Depth _____ ft/m

_____ 15ft/5m

Bottom Time

_____ + _____ = _____
RNT   ABT   TBT

Exposure Protection		Conditions	
Wetsuit	Y/N	Fresh	Salt
Drysuit	Y/N	Shore	Boat
Hood	Y/N	Current	Drift
Gloves	Y/N	Waves	Surge
Boots	Y/N	Other:	

Time In:	Time out:
Start: bar	End: bar

Comments: _____

_____
_____
_____
_____
_____
_____
_____
_____

Dive Center / Resort Stamp

Verification Signature

_____

Instructor / DM / Buddy

Dive No.	Dive Site:		Date:
Location:			

Temperature	Weight
Air:_____	_____ lb/kg
Surface:_____	**Visibility**
Bottom:_____	_____ ft/m

Exposure Protection		Conditions	
Wetsuit	Y/N	Fresh	Salt
Drysuit	Y/N	Shore	Boat
Hood	Y/N	Current	Drift
Gloves	Y/N	Waves	Surge
Boots	Y/N	Other:	

SI   :   PG

PG

Depth
_____ ft/m
_____ 15ft/5m

Bottom Time
_____

____ + ____ = ____
RNT   ABT   TBT

Time In: **Time out:**

Start: bar   **End:**   bar

Comments: _____

_____
_____
_____
_____
_____
_____
_____
_____

Dive Center / Resort Stamp

Verification Signature

_____
Instructor / DM / Buddy

Dive No.	Dive Site:		Date:
Location:			

Temperature	Weight
Air:_____	_____ lb/kg
Surface:_____	**Visibility**
Bottom:_____	_____ ft/m

Exposure Protection		Conditions	
Wetsuit	Y/N	Fresh	Salt
Drysuit	Y/N	Shore	Boat
Hood	Y/N	Current	Drift
Gloves	Y/N	Waves	Surge
Boots	Y/N	Other:	

SI	:	PG
PG		

Depth
_____ ft/m
_____ 15ft/5m

Bottom Time

_____ + _____ = _____
RNT   ABT   TBT

Time In:	Time out:
Start: bar	End: bar

Comments:
_____
_____
_____
_____
_____
_____
_____
_____
_____

Dive Center / Resort Stamp	Verification Signature
	_____
	Instructor / DM / Buddy

Dive No.	Dive Site:		Date:
Location:			

Temperature	Weight
Air:_____	_____ lb/kg
Surface:_____	**Visibility**
Bottom:_____	_____ ft/m

SI : | PG
PG

Depth
_____ ft/m
_____ 15ft/5m

Bottom Time

_____ + _____ = _____
RNT   ABT   TBT

Exposure Protection		Conditions	
Wetsuit	Y/N	Fresh	Salt
Drysuit	Y/N	Shore	Boat
Hood	Y/N	Current	Drift
Gloves	Y/N	Waves	Surge
Boots	Y/N	Other:	

Time In:	Time out:
Start: bar	End: bar

Comments: _____

_____
_____
_____
_____
_____
_____
_____
_____

Dive Center / Resort Stamp

Verification Signature

_____
Instructor / DM / Buddy

Dive No.	Dive Site:		Date:
Location:			

Temperature	Weight
Air:_____	_____ lb/kg
Surface:_____	**Visibility**
Bottom:_____	_____ ft/m

Exposure Protection		Conditions	
Wetsuit	Y/N	Fresh	Salt
Drysuit	Y/N	Shore	Boat
Hood	Y/N	Current	Drift
Gloves	Y/N	Waves	Surge
Boots	Y/N	Other:	

SI	:	PG
PG		

Depth

_____ ft/m

_____ 15ft/5m

Bottom Time

_____ + _____ = _____

RNT   ABT   TBT

Time In:	Time out:
Start: bar	End: bar

Comments: _____

_____
_____
_____
_____
_____
_____
_____
_____

Dive Center / Resort Stamp

Verification Signature

_____

Instructor / DM / Buddy

Dive No.	Dive Site:		Date:
Location:			

Temperature
Air:_____
Surface:_____
Bottom:_____

Weight
_____ lb/kg

Visibility
_____ ft/m

SI	:		PG	
PG				

Depth
_____ ft/m

_____ 15ft/5m

Bottom Time
_____

_____ + _____ = _____
RNT   ABT   TBT

Exposure Protection		Conditions	
Wetsuit	Y/N	Fresh	Salt
Drysuit	Y/N	Shore	Boat
Hood	Y/N	Current	Drift
Gloves	Y/N	Waves	Surge
Boots	Y/N	Other:	

Time In:	Time out:
Start: bar	End: bar

Comments: _____

_____

_____

_____

_____

_____

_____

_____

_____

Dive Center / Resort Stamp	Verification Signature
	_____
	Instructor / DM / Buddy

Dive No.	Dive Site:		Date:
Location:			

Temperature	Weight
Air:_____	_____ lb/kg
Surface:_____	**Visibility**
Bottom:_____	_____ ft/m

SI	:	PG
PG		

Depth

_____ ft/m _____ 15ft/5m

Bottom Time

_____

_____ + _____ = _____

RNT ABT TBT

Exposure Protection		Conditions	
Wetsuit	Y/N	Fresh	Salt
Drysuit	Y/N	Shore	Boat
Hood	Y/N	Current	Drift
Gloves	Y/N	Waves	Surge
Boots	Y/N	Other:	

Time In:	Time out:
Start: bar	End: bar

Comments: _____

_____

_____

_____

_____

_____

_____

_____

Dive Center / Resort Stamp	Verification Signature
	_____
	Instructor / DM / Buddy

Dive No.	Dive Site:	Date:
Location:		

Temperature	Weight
Air:_____	_____ lb/kg
Surface:_____	**Visibility**
Bottom:_____	_____ ft/m

SI	:	PG
PG		

Depth
_____ ft/m
_____ 15ft/5m

Bottom Time
_____

_____ + _____ = _____
RNT   **ABT**   **TBT**

Exposure Protection		Conditions	
Wetsuit	Y/N	Fresh	Salt
Drysuit	Y/N	Shore	Boat
Hood	Y/N	Current	Drift
Gloves	Y/N	Waves	Surge
Boots	Y/N	Other:	

Time In:	Time out:
Start: bar	End: bar

Comments: _____

_____
_____
_____
_____
_____
_____
_____
_____

Dive Center / Resort Stamp	Verification Signature
	_____
	Instructor / DM / Buddy

Dive No.	Dive Site:	Date:
Location:		

Temperature	Weight
Air:_____	_____ lb/kg
Surface:_____	**Visibility**
Bottom:_____	_____ ft/m

SI	:	PG
PG		

Depth

_____ ft/m

_____ 15ft/5m

Bottom Time

_____

_____ + _____ = _____

RNT   ABT   TBT

Exposure Protection		Conditions	
Wetsuit	Y/N	Fresh	Salt
Drysuit	Y/N	Shore	Boat
Hood	Y/N	Current	Drift
Gloves	Y/N	Waves	Surge
Boots	Y/N	Other:	

Time In:	Time out:
Start: bar	End: bar

Comments: _____

_____
_____
_____
_____
_____
_____
_____
_____

Dive Center / Resort Stamp	Verification Signature
	_____
	Instructor / DM / Buddy

Dive No.	Dive Site:		Date:
Location:			

Temperature	Weight
Air:_____	_____ lb/kg
Surface:_____	**Visibility**
Bottom:_____	_____ ft/m

SI	:		PG	
PG				

Depth
_____ ft/m
_____ 15ft/5m

Bottom Time
_____

_____ + _____ = _____
RNT **ABT** **TBT**

Exposure Protection		Conditions	
Wetsuit	Y/N	Fresh	Salt
Drysuit	Y/N	Shore	Boat
Hood	Y/N	Current	Drift
Gloves	Y/N	Waves	Surge
Boots	Y/N	Other:	

Time In:	Time out:
Start: bar	End: bar

Comments: _____
_____
_____
_____
_____
_____
_____
_____

Dive Center / Resort Stamp	Verification Signature
	_____
	Instructor / DM / Buddy

Dive No.	Dive Site:		Date:
Location:			

Temperature	Weight
Air:_____	_____ lb/kg
Surface:_____	**Visibility**
Bottom:_____	_____ ft/m

SI	:	PG
PG		

Depth

_____ ft/m

_____ 15ft/5m

Bottom Time

_____

_____ + _____ = _____
RNT   ABT   TBT

Exposure Protection		Conditions	
Wetsuit	Y/N	Fresh	Salt
Drysuit	Y/N	Shore	Boat
Hood	Y/N	Current	Drift
Gloves	Y/N	Waves	Surge
Boots	Y/N	Other:	

Time In:	Time out:
Start: bar	End: bar

Comments: _____

_____
_____
_____
_____
_____
_____
_____

Dive Center / Resort Stamp

Verification Signature

_____

Instructor / DM / Buddy

Dive No.	Dive Site:	Date:
Location:		

Temperature
Air:_____
Surface:_____
Bottom:_____

Weight
_____ lb/kg

Visibility
_____ ft/m

SI	:	PG
PG		

Depth _____ ft/m   _____ 15ft/5m

Bottom Time

_____ + _____ = _____
RNT   ABT   TBT

Exposure Protection		Conditions	
Wetsuit	Y/N	Fresh	Salt
Drysuit	Y/N	Shore	Boat
Hood	Y/N	Current	Drift
Gloves	Y/N	Waves	Surge
Boots	Y/N	Other:	

Time In:	Time out:
Start: bar	End: bar

Comments: _____
_____
_____
_____
_____
_____
_____
_____

Dive Center / Resort Stamp	Verification Signature
	_____
	Instructor / DM / Buddy

Dive No.	Dive Site:	Date:
Location:		

Temperature	Weight
Air:_____	_____ lb/kg
Surface:_____	**Visibility**
Bottom:_____	_____ ft/m

SI	:	PG
PG		

Depth _____ ft/m   _____ 15ft/5m

Bottom Time

_____ + _____ = _____
RNT   ABT   TBT

Exposure Protection		Conditions	
Wetsuit	Y/N	Fresh	Salt
Drysuit	Y/N	Shore	Boat
Hood	Y/N	Current	Drift
Gloves	Y/N	Waves	Surge
Boots	Y/N	Other:	

Time In:	Time out:
Start: bar	End: bar

Comments: _____

_____
_____
_____
_____
_____
_____
_____

Dive Center / Resort Stamp

Verification Signature

_____
Instructor / DM / Buddy

Dive No.	Dive Site:	Date:

Location:

Temperature	Weight
Air:_____	_____ lb/kg
Surface:_____	**Visibility**
Bottom:_____	_____ ft/m

SI :	PG
PG	

Depth _____ ft/m / 15ft/5m

Bottom Time

_____ + _____ = _____
RNT   **ABT**   **TBT**

Exposure Protection		Conditions	
Wetsuit	Y/N	Fresh	Salt
Drysuit	Y/N	Shore	Boat
Hood	Y/N	Current	Drift
Gloves	Y/N	Waves	Surge
Boots	Y/N	Other:	

Time In:	Time out:
Start: _____ bar	End: _____ bar

Comments: _____

_____

_____

_____

_____

_____

_____

_____

_____

Dive Center / Resort Stamp

Verification Signature

_____

Instructor / DM / Buddy

| Dive No. | Dive Site: | Date: |

Location:

Temperature	Weight
Air:_____	_____ lb/kg
Surface:_____	**Visibility**
Bottom:_____	_____ ft/m

SI :	PG
PG	

Depth
_____ ft/m

_____ 15ft/5m

Bottom Time
_____

___ + ___ = ___
RNT   ABT   TBT

Exposure Protection		Conditions	
Wetsuit	Y/N	Fresh	Salt
Drysuit	Y/N	Shore	Boat
Hood	Y/N	Current	Drift
Gloves	Y/N	Waves	Surge
Boots	Y/N	Other:	

Time In:	Time out:
Start: bar	End: bar

Comments: _____

_____
_____
_____
_____
_____
_____
_____

Dive Center / Resort Stamp

Verification Signature

_____
Instructor / DM / Buddy

Dive No.	Dive Site:		Date:
Location:			

Temperature	Weight
Air:_____	_____ lb/kg
Surface:_____	**Visibility**
Bottom:_____	_____ ft/m

SI	:	PG
PG		

Depth
_____ ft/m

_____
15ft/5m

Bottom Time
_____

_____ + _____ = _____
RNT   ABT   TBT

Exposure Protection		Conditions	
Wetsuit	Y/N	Fresh	Salt
Drysuit	Y/N	Shore	Boat
Hood	Y/N	Current	Drift
Gloves	Y/N	Waves	Surge
Boots	Y/N	Other:	

Time In:	Time out:
Start: bar	End: bar

Comments: _____

_____
_____
_____
_____
_____
_____
_____
_____

Dive Center / Resort Stamp

Verification Signature

_____
Instructor / DM / Buddy

Dive No.	Dive Site:	Date:

Location:

Temperature	Weight
Air:_____	_____ lb/kg
Surface:_____	**Visibility**
Bottom:_____	_____ ft/m

SI	:		PG
PG			

Depth
_____ ft/m

_____ 15ft/5m

Bottom Time

_____

_____ + _____ = _____
RNT   ABT   TBT

Exposure Protection		Conditions	
Wetsuit	Y/N	Fresh	Salt
Drysuit	Y/N	Shore	Boat
Hood	Y/N	Current	Drift
Gloves	Y/N	Waves	Surge
Boots	Y/N	Other:	

Time In:	Time out:
Start: bar	End: bar

Comments: _____

_____
_____
_____
_____
_____
_____
_____
_____

Dive Center / Resort Stamp	Verification Signature
	_____
	Instructor / DM / Buddy

Dive No.	Dive Site:		Date:
Location:			

Temperature	Weight
Air:_____	_____ lb/kg
Surface:_____	**Visibility**
Bottom:_____	_____ ft/m

SI :	PG
PG	

Depth
_____ ft/m
_____ 15ft/5m

Bottom Time
_____

_____ + _____ = _____
RNT   ABT   TBT

Exposure Protection		Conditions	
Wetsuit	Y/N	Fresh	Salt
Drysuit	Y/N	Shore	Boat
Hood	Y/N	Current	Drift
Gloves	Y/N	Waves	Surge
Boots	Y/N	Other:	

Time In:	Time out:
Start: bar	**End:** bar

Comments: _____

_____
_____
_____
_____
_____
_____
_____
_____

Dive Center / Resort Stamp

Verification Signature

_____
Instructor / DM / Buddy

www.ingramcontent.com/pod-product-compliance
Lightning Source LLC
Chambersburg PA
CBHW070439180526
45158CB00019B/1689